Silvia Juliana Duran Ayala

Propuesta de un sistema de "atrapa-nieblas"

Silvia Juliana Duran Ayala

Propuesta de un sistema de "atrapa-nieblas"

como fuente de agua no convencional en la vereda la Fuente, municipio de los Santos, departamento de Santander

Editorial Académica Española

Imprint
Any brand names and product names mentioned in this book are subject to trademark, brand or patent protection and are trademarks or registered trademarks of their respective holders. The use of brand names, product names, common names, trade names, product descriptions etc. even without a particular marking in this work is in no way to be construed to mean that such names may be regarded as unrestricted in respect of trademark and brand protection legislation and could thus be used by anyone.

Cover image: www.ingimage.com

Publisher:
Editorial Académica Española
is a trademark of
International Book Market Service Ltd., member of OmniScriptum Publishing Group
17 Meldrum Street, Beau Bassin 71504, Mauritius
Printed at: see last page
ISBN: 978-620-0-40866-2

Dedicatoria

Dedicamos este proyecto principalmente a Dios por darnos la capacidad y sabiduría para realizar esta investigación; A nuestros padres quienes han creído en nosotras siempre, dándonos ejemplo de superación, humildad y sacrificio, enseñándonos a valorar lo que tenemos; A las Unidades Tecnológicas de Santander, por permitirnos formar como profesionales; A los maestros que nos guían en el camino del saber. A todos ellos dedicamos el presente proyecto porque han fomentado en nosotras el deseo de superación y de triunfo en la vida, lo que ha contribuido a la consecución de este logro.

Esperamos contar siempre con su valioso e incondicional apoyo.

Agradecimientos

Agradecemos muy especialmente al ingeniero Carlos Alberto Amaya Corredor, nuestro coordinador de la tecnología en ingeniería Ambiental, por haber consolidado el programa dentro del contexto académico y productivo de la región de Santander; esto nos permite afrontar el futuro con grandes expectativas y seguros que nuestro aporte como ingenieros ambientales, será valioso para el desarrollo de la región y el país.

Tabla de Contenido   Pág.

Resumen

Lo que se conoce como Atrapa nieblas es el proceso en el que por medio de la condensación, el vapor de agua atmosférico en el aire, se concentra naturalmente en las superficies frías en las gotas de agua líquida, lo que regularmente se identifica como rocío; el fenómeno se puede observar de forma más clara en objetos, delgados y planos; incluyendo las hojas de las plantas y hojas de hierba, que visualmente da la sensación que el prado tiene perlas. Debido a que la superficie expuesta se enfría mediante la radiación del calor hacia el cielo, la humedad atmosférica se condensa a una velocidad mayor que la que se puede evaporar, lo que técnicamente resulta en la formación de gotas de agua.

De esta forma, cuando la recolección de gotas de agua o en este caso de roció, se realiza en forma organizada, se capta ese rocío a través de procesos naturales o asistidos, lo que en realidad es una práctica antigua pero muy poco conocida, el proceso surge desde las gotas de rocío a pequeña escala de charcos de condensación, recogidos en los tallos de una planta, que constituye un riego al natural de gran magnitud presente en zonas sin lluvias, como las zonas desérticas de Atacama; el presente estudio se llevará a cabo en la vereda la Fuente del municipio de los Santos en el departamento de Santander, por las características similares a las necesarias para que el mismo sea eficiente.

Este proyecto se adelanta para atrapar niebla en redes de finas mallas, que luego, cuando la cantidad de agua es suficiente, caen dentro de canaletas. La niebla es una fuente de agua no convencional subutilizada, el objeto del presente estudio es innovar en el mayor conocimiento de la niebla, para proponer un sistema atrapa-nieblas como fuente de agua no convencional y de esta forma mitigar los problemas de escasez del líquido, en la vereda la fuente en el municipio de los Santos departamento de Santander.

Palabras clave

Atrapa Niebla, Condensación, Humedad Atmosférica, Laderas, Mallas, Rocío, Vapor de Agua.

INTRODUCCIÓN

Los Atrapa-nieblas nos son nuevos, de hecho, se conoce de una patente de invención del año 1960, otorgada por el diseño de este sistema en Chile; es el nombre de un proceso conocido como condensación del vapor de agua atmosférico que se concentra naturalmente en el aire, o en las superficies frías y forman gotas de agua líquida y se conoce popularmente como rocío; el fenómeno se presenta porque la superficie expuesta se enfría mediante la radiación del calor hacia el cielo; técnicamente lo que ocurre es que la humedad atmosférica se condensa a una velocidad mayor que la que se puede evaporar, lo que propicia la formación de gotas de agua, que en grandes cantidades, es una muy buena opción para obtener el precioso líquido; con este proyecto se trata de formular una solución a los problemas de escasez del agua, en la vereda la fuente en el municipio de los Santos departamento de Santander bajo esta herramienta; lógicamente si al momento de adelantarlo es exitoso, se puede destinar para las demás veredas de la región y el país.

A pesar de utilizarse desde la década de los sesenta del siglo anterior en diversas regiones del mundo, en Colombia el sistema es poco utilizado, se conoce del método pero son mínimas las experiencias sobre su utilización para remediar los problemas de escases del preciado líquido; la recolección organizada de gotas de agua del rocío a través de procesos naturales o asistidos es una práctica antigua; desde las gotas de rocío a pequeña escala de charcos de condensación recogidos en los tallos de una planta, hasta los procesos de riego natural de gran magnitud en zonas sin lluvias; Los santos en el departamento de Santander, es una zona golpeada por la escases de agua, incluso es irónico entender que una zona muy valorizada, no tenga afluentes suficientes de agua para toda su población; con los Atrapanieblas se presenta una opción para obviar este problema.

Descripción de la problemática

Diversos municipios de la región de Santander, como el caso de Lebrija, municipio en el que por cuenta del fenómeno del niño, el desabastecimiento de agua ha tomado características dramáticas, "por cuenta del fuerte verano que azota al país como consecuencia del fenómeno de "el Niño", la Alcaldía del municipio de Lebrija (Santander), declaró la calamidad pública en la población, debido al desabastecimiento de agua[1]"; del mismo modo, en Vélez la población solo goza del preciado líquido cada seis días, así lo afirma el gerente de la empresa EMPREVEL, encargada de llevarlo hasta la localidad "en el municipio de Vélez tenemos una escasez de agua bastante significativa que nos ha llevado a sectorizar el servicio en las cinco válvulas, donde se presta el servicio cada cinco o seis días"[2]; pero estos casos son solo ejemplos de la situación que abarca 12 municipios en Santander, (Vanguardia Liberal, en Vélez el servicio de agua se presta cada seis días, 2015): "sumado a Lebrija, los otros municipios afectados por el fuerte verano son Los Santos, Cabrera, Barichara, Villanueva, San Vicente de Chucuri, Málaga, Coromoro, Betulia, Carcasí, Vélez, y el sector del bajo Simacota[3].

Unido a lo anterior, es innegable que durante los próximos años, las actividades productivas de los diversos sectores económicos, demandaran gran cantidad de recursos hídricos para poder desarrollarse normalmente; por tanto, es perentoria la búsqueda de nuevas formas alternativas y como el caso del presente proyecto no convencionales, para obtener agua de forma económica y natural; es significativo tomar acciones en pos del ahorro del agua, o conseguir el líquido por medio de acciones efectivas; de lo contrario, la región y el país seguirán

---

[1] CALAMIDAD PUBLICA EN LEBRIJA POR ESCASEZ DE AGUA, disponible en
http://www.elespectador.com/noticias/nacional/declaran-calamidad-publica-lebrija-santander-
escasez-de-articulo-596203

[2] EN VELEZ, EL SERVICIO DE AGUA SE PRESTA CADA 6 DÍAS, disponible en
http://www.vanguardia.com/santander/velez/191023-en-velez-el-servicio-de-agua-solo-se-presta-
cada-seis-dias.
[3] Ibíd.

afrontando estos casos dramáticos de ciudades sin agua o con estrictos desabastecimientos.

Los Santos, municipio de Santander, ha sido uno de los afectados por el fuerte verano y sufre problemas de desabastecimiento; sin embargo, según análisis previos, presenta condiciones similares a regiones en los que se ha adelantado el proyecto de atrapa-nieblas, por tanto, deben revisarse las condiciones para su puesta en marcha, las preguntas que surgen son:

¿Cuáles sistemas de atrapa-nieblas han sido utilizados con éxito en otras regiones del mundo, con similares características a las de la región del municipio de los Santos?

¿Son las condiciones de la región del municipio de los Santos similares a las de otras regiones donde ha sido exitoso el sistema de atrapa-nieblas?

¿Cuál es el método más eficiente dentro de los usados en el sistema de atrapa-nieblas, que brinde mayor utilidad en caso de ser implementado en el municipio de los Santos?

Justificación

El futuro profesional debe conocer aparte de lo relativo a su formación en el área de desempeño, todas las condiciones del entorno general que puedan afectar la población; por esto se forma al tecnólogo en Ambiental con un espíritu investigativo, además con las capacidades y competencias para comprender la problemática general, los cambios del mundo en los ámbitos geográficos; se debe conocer las características generales y las condiciones a las que se enfrentará al culminar su carrera.

Este trabajo es importante para los estudiantes desde el punto de vista investigativo pero mucho más en lo aplicativo; proponer un sistema de atrapa-nieblas, que aunque ya se ha aplicado en otros lugares del mundo, sería muy novedoso para la comunidad del municipio de los Santos en caso de ser implementado, para lo que debe indagar conocimientos adquiridos durante la carrera y compararlos para estructurar una articulación de los conceptos con la realidad de la región, en este caso la escasez de agua de una zona muy cercana a la capital del departamento; indudablemente estos proyectos enriquecen al futuro profesional y le van a permitir un mejor desenvolvimiento en su vida laboral donde debe demostrar lo aprendido y ponerlo en práctica, para que en realidad sea un profesional íntegro y sepa resolver los problemas de su región, en este caso algo tan esencial como el abastecimiento de agua, le permite estar comprometido con el desarrollo del país.

La importancia de desarrollar estos trabajos investigativos con la mayor responsabilidad por parte de los futuros egresados para que en realidad sirvan como plataforma de ayuda al estudiante son fundamentales, ya que en estos ejercicios académicos se entiende en mayor grado como se articulan los procesos de aprendizaje con las condiciones reales del aparato económico y social a los que se tendrá que enfrentar el individuo cuando se encuentre en el sector productivo.

El presente estudio entrega un gran componente práctico y es de gran beneficio para la vereda "La Fuente" al dotar a esta comunidad, que es una vereda del municipio de los Santos, de un sistema para la obtención de agua, en el que lleva implícito el compromiso con la región y con los problemas del país para contribuir mínimamente a aportar soluciones desde su lugar de formación como tecnólogo ambiental.

Existen diversas alternativas de solución, "inicialmente medir la velocidad del viento y el contenido de agua líquida en el flujo[4]. La idea es usar una red de sensores inalámbricos para realizar un mapa del flujo; otra decisión puede ser mejorar el diseño estructural de los atrapa-nieblas, instalados en zonas aisladas y gran parte del ensamblaje debe ser hecho en el mismo lugar, lo que requiere importantes recursos para transporte y para pagar a los especialistas; pero se debe crear un sistema para que puedan ser fácilmente armados"[5]; una alternativa muy eficaz y económica, según lo analizado, es crear mallas más eficientes atrapando gotas de agua de la niebla, el atrapa-nieblas recolecta entre tres y siete litros de agua diariamente por metro cuadrado, dependiendo de su ubicación[6].

Por estas razones, se adelanta este proyecto a través de atrapar niebla en redes de finas mallas levantadas en laderas con niebla, que capturan de ésta, pequeñas gotas de agua que luego, cuando la cantidad es suficiente, caen dentro de canaletas. La niebla es una fuente de agua no convencional subutilizada, el objeto de innovar en el mayor conocimiento de la niebla "aportar en mejorar la eficiencia de los Atrapa-nieblas y avanzar en sus usos no tradicionales, sería una fuente alternativa de recursos hídricos en las zonas semiáridas con sistemas de captación altamente eficientes"[7].

---

[4] Ibíd.
[5] ATRAPANIEBLAS, UN SISTEMA TRADICIONAL, disponible en
https://mundoecco.wordpress.com/.../**atrapanieblas**-un-**sistema**-tradicional.
[6] Ibíd.
[7] ATRAPANIEBLAS, GRAN POTENCIAL PARA ABASTECER AGUA, disponible en
www.elespectador.com/noticias/medio-ambiente/atrapanieblas-gran-potencial-abastecer-agua-articulo-514598.

El presente es un proyecto que se ha adelantado en diversas regiones del mundo, "los atrapa-nieblas o capta-nieblas son un sistema para atrapar las gotas de agua microscópicas que contiene la neblina. Se usan en regiones desérticas con presencia de niebla, como el desierto del Néguev en Israel o el desierto de Atacama en Chile, además de Ecuador, Guatemala, Perú, Nepal, algunos países de África"[8]; para el presente estudio se llevará a cabo en la vereda la Fuente del municipio de los Santos, por las características similares a las necesarias para que el mismo sea eficiente.

---

[8] LOS ATRAPANIEBLAS, RIPARIUM PERU, disponible en riparium**peru**.blogspot.com/2015/06/los-**atrapanieblas**.html

Objetivos

Objetivo general:

Proponer un sistema atrapa nieblas como fuente de agua no convencional, para mitigar los problemas de escasez del líquido, en el municipio de los santos.

Objetivos específicos:

Documentar experiencias de atrapa nieblas utilizados en otras regiones, para establecer las condiciones de funcionamiento y eficiencia obtenida en la captura de agua.

Identificar las condiciones actuales de la zona de estudio para establecer posibilidades de los sistemas atrapa nieblas en esta región.

Describir el método más eficiente de atrapa-nieblas que suministre agua para atender las necesidades específicas de la zona de estudio.

Marco Referencial

Marco Conceptual:

Atrapa-nieblas[9]: Los Atrapa-nieblas o capta-nieblas son un invento para atrapar las gotas de agua microscópicas que contiene la neblina. Se usan en regiones desérticas con presencia de niebla

Canaletas[10]: La función de las canaletas (o canales), es recoger el agua de lluvia de las vertientes del techo y conducirla hacia las bajadas, que son las encargadas de llevar el agua hasta el nivel del terreno.

Condensación[11]: Es el cambio en la materia de una sustancia a una fase más densa, como por ejemplo de gas (o vapor) a líquido. La condensación generalmente ocurre cuando un vapor se enfría, pero también puede ocurrir si se comprime.

Fuentes de agua no convencionales FANC: Procesos mediante los que se consigue agua, a través de métodos no tradicionales, los más estudiados son los humedales artificiales, la depuración de agua, el "lagunaje", la captación de agua pluvial, la cosecha de agua o la infiltración del acuífero (utilizado en la Mesa de los Santos y en Sabana de Torres en Santander); además de los que se ha estudiado alrededor del mundo sobre el sistema de atrapa nieblas.

Humedad Atmosférica: es la cantidad de vapor de agua existente en el aire; este vapor depende de la temperatura, de manera que es más elevada en las masas de aire caliente que en las de aire frío.

---

[9] Ibíd.

[10] Ibíd.

[11] CONDENSACIÓN, disponible en http://www.ciclohidrologico.com/condensación

Gotas de Agua Microscópicas: son las gotas que están contenidas en la neblina, se vuelven útiles al momento que se condensan en gran cantidad, al ser atrapadas por las mallas que se instalan en los sistemas de Atrapa nieblas

Ladera: Declive de la montaña, de un monte o de una altura en general. Puede decirse, en este sentido, que la ladera es uno de los lados de la montaña o meseta.

Mallas de Polipropileno: son las más usadas en los Atrapa nieblas por su resistencia a la tensión, se mantienen planas, sin pliegues y además son lisas, ligeras y resistentes; no se deforman. El material es también muy usado para prótesis quirúrgicas.

Rocío[12]: Generalmente se refiere al fenómeno físico-meteorológico en el que gotas de agua se depositan en la superficie del suelo y de las plantas.

Vapor de agua[13]: El vapor de agua es el gas formado cuando el agua pasa de un estado líquido a uno gaseoso. A un nivel molecular esto es cuando las moléculas de H_2O logran liberarse de las uniones (ej. Uniones de hidrógeno) que las mantienen juntas. El vapor de agua es un gas que se obtiene por evaporación o ebullición del agua líquida o por sublimación del hielo. Es inodoro e incoloro y es responsable de la humedad ambiental.

Humedad absoluta: Es la cantidad de agua presente en el aire por unidad de masa de aire seco. Es un concepto que no influye en la comodidad humana. Esta unidad de volumen, generalmente es un espacio de un metro cúbico (o un pie cúbico).

---

[12] ATRAPANIEBLAS PARA ENFRENTAR LA RECOLECCIÓN DEL AGUA, disponible en http://agenciadenoticias.unal.edu.co/detalle/article/atrapanieblas-para-enfrentar-la-recoleccion-del-agua.html

[13] QUE ES EL VAPOR DE AGUA, disponible en http://www.tlv.com/global/LA/steam-theory/what-is-steam.html

CENGEL, YUNUS. BOLES, MICHAEL. Termodinámica. Séptima Edición. McGraw Hill. Cap 14.

Humedad relativa: Es el cociente en la humedad absoluta y la cantidad máxima de agua que admite el aire por unidad de volumen, es un término utilizado para expresar la cantidad de humedad en una muestra dada de aire, en comparación con la cantidad de humedad que el aire tendría, estando totalmente saturado y a la misma temperatura de la muestra. La humedad relativa se expresa en porciento, tal como 50%, 75%, 30%, etc.

Psicrometría: Psicrometría se define como la medición del contenido de humedad del aire. Es la ciencia que involucra las propiedades termodinámicas del aire húmedo, y el efecto de la humedad atmosférica sobre los materiales y la estabilidad del humano. Lo anterior, se puede llevar a cabo a través del uso de tablas psicrométricas o de la carta psicrométrica.

La carta psicrométrica, es una gráfica de las propiedades del aire, tales como temperatura, humedad relativa, volumen, presión, etc. Las cartas psicrométricas se utilizan para determinar, cómo varían estas propiedades al cambiar la humedad en el aire. Las propiedades psicrométricas del aire han sido recopiladas a través de incontables experimentos de laboratorio y de cálculos matemáticos, y son la base para lo que conocemos como la Carta Psicrométrica. Aunque las tablas psicrométricas son más precisas, el uso de la carta psicrométrica puede ahorrarnos mucho tiempo y cálculos, en la mayoría de los casos donde no se requiere una extremada precisión. Existen muchos tipos de cartas psicrométricas, cada una con sus propias ventajas. Algunas se hacen para el rango de bajas temperaturas, algunas para el rango de media temperatura y otras para el rango de alta temperatura. A algunas de las cartas psicrométricas se les amplía su longitud y se recorta su altura; mientras que otras son más altas que anchas y otras tienen forma de triángulo. Todas tienen básicamente la misma función y la carta a usar, deberá seleccionarse para el rango de temperaturas y el tipo de aplicación. Para este estudio utilizaremos una carta psicrométrica basada en la presión atmosférica normal, también llamada presión barométrica, de 101.3 kPa o 760 mmHg. Esta carta cubre un rango de temperaturas de bulbo seco de -10°C hasta 55°C, y un rango de temperaturas de bulbo húmedo desde -10°C hasta 35°C. Se puede encontrar esta carta en el anexo 1.

Marco Teórico:

Adicionalmente, los Atrapa-nieblas no son algo exclusivo de Perú o de Chile, por el contrario, se usan en muchas otras regiones desérticas con presencia de niebla, como el desierto del Néguev, en Israel, o el desierto de Atacama, en el propio Chile, además de Ecuador, Guatemala, Nepal, algunos países de África y la isla de Tenerife.

Su verdadero inventor fue el físico chileno Carlos Espinosa Arancibia, quien tenía la intención de activar por lo menos 250 cada año, el profesional siempre solicitó el apoyo de su gobierno para el proyecto; que no tiene ninguna restricción de patente o derechos de autor para su uso o instalación en cualquier región del mundo.

Existen diversos trabajos adelantados sobre el sistema de atrapa-nieblas a nivel regional y mundial, que han mostrado la eficiencia del mecanismo y su posible aplicación en la región del municipio de los Santos, en el siguiente, se aporta una teoría del sistema con la siguiente consideración básica para su abastecimiento "Los atrapa-nieblas, se basan en redes de finas mallas levantadas en laderas con niebla, capturan de ésta pequeñas gotas de agua que luego, cuando la cantidad es suficiente, caen dentro de canaletas. Esta agua fresca puede ser almacenada en tanques. Los Atrapanieblas han sido usados en Chile para consumo de agua y para riego por más de 50 años, generalmente en altitudes entre 600 y 1.200 metros sobre el nivel del mar"[14].

Esta innovación además sirve de materia prima para la elaboración de una cerveza muy apetecida, hecha con agua de niebla de las montañas de una

---

[14] ATRAPANIEBLAS, GRAN POTENCIAL PARA ABASTECER AGUA, disponible en
http://www.scidev.net/america-latina/agua/especial/atrapanieblas-gran-potencial-para-abastecer-agua.html

población llamada Peña Blanca, ubicada a 360 Kilómetros al norte de Santiago "el agua de los Atrapanieblas tiene menos nitritos y nitratos que el agua potable del norte de Chile, lo que es bueno para hacer cerveza, por supuesto, aun cuando la cerveza es buena, el agua es esencial y los Atrapanieblas pueden ser un gran medio para proveer este recurso a veces escaso"[15]; el recurso también se utiliza en la zona para cultivos de tomate y aloe vera.

En el próximo paso, los científicos de la zona quieren investigar cómo reducir el costo de recolectar un litro de agua a partir de la niebla, con el objetivo de hacer que esta tecnología sea más competitiva como fuente de agua dulce en el norte de Chile, pasando de un nivel artesanal a uno industrial, con una serie de experimentos que se están desarrollando, para mejorar la relación costo-beneficio del aprovechamiento de la niebla como fuente de agua no convencional; el programa incluye a 85 familias repartidas en 6.500 hectáreas.

En el mismo orden de ideas, existe en Lima Perú, un ambicioso proyecto para instalar mil Atrapanieblas, con los que se recolectarían hasta 400.000 litros de agua al día, para abastecer a familias en extrema pobreza. Ya se colocaron por parte del movimiento "Peruanos sin Agua" los primeros de estos Atrapanieblas; consistentes en unas redes que recogen el agua de la neblina que habitualmente cubre la capital peruana, sobre todo en invierno, y la canaliza hacia unos reservorios para el consumo humano, además usada en el riego de pequeñas parcelas agrícolas, "los sistemas fueron instalados en el Asentamiento Humano Villa Lourdes Ecológica, una barriada de extrema pobreza en el distrito de Villa María del Triunfo, en el sur de Lima, la segunda ciudad más grande del mundo, después de El Cairo, ubicada en medio de un desierto"[16].

El proyecto abre las oportunidades para que estas familias en extrema pobreza puedan tener agua, además de poder trabajar en pequeñas parcelas agrícolas;

---

[15] Ibíd.
[16] MIL ATRAPANIEBLAS PARA DAR AGUA EN EL DESIERTO, disponible en
http://www.efe.com/efe/america/cronicas/mil-atrapanieblas-para-dar-agua-en-el-desierto/50000490-2540215

con la ayuda de "Peruanos sin agua" y el apoyo de la empresa privada, se pueden sustentar los gastos y ayudan a 500 familias de esta comunidad; quienes además se auto-abastecen de verduras, frutas y plantas aromáticas y obtienen ingresos extra con la venta de sus productos; el proyecto se ha extendido a distintos puntos de Lima.

Por su parte, en el país existen experimentos sobre el tema, por ejemplo el realizado por investigadores de la Universidad Nacional de Colombia en Palmira, que propone a la neblina como una alternativa económica y eficiente de recolección de agua, en zonas que cuentan con pocas fuentes del líquido para el consumo; en la ciudad de Tuluá, un grupo de investigadores de la institución, con el apoyo de la ONG "GAIACOL", están recolectando agua de la neblina, a través de una malla especial, estratégicamente ubicada en relación con la neblina y el viento "Los chilenos son los pioneros de esta técnica. Pero hace algunos años en la Universidad Nacional se hicieron los primeros trabajos en este tema, y por sus beneficios decidimos convertirlos en sistemas productivos"[17].

La experiencia se adelanta para ofrecer una alternativa muy económica a estas comunidades, para capturar el agua que pasa por la atmósfera, a través de un sistema conocido como atrapa nieblas o colectores de neblina: "la metodología es muy sencilla, primero se deben ubicar las baterías de monitoreo para escoger el mejor lugar para ubicar las mallas. Una vez consigamos este dato, procedemos a ubicar la estructura construida en palos y una malla de polipropileno, con esta estructura, que varía en sus dimensiones, en Tuluá hemos recogido 12.5 litros de agua por día, en 25 metros cuadrados, y en el kilómetro 18 se han recolectado seis litros por metro cuadro al día. Pero el porcentaje de agua depende del número y tamaño de la malla"[18].

---

[17] ATRAPANIEBLAS PARA ENFRENTAR LA RECOLECCIÓN DEL AGUA, disponible en http://agenciadenoticias.unal.edu.co/detalle/article/atrapanieblas-para-enfrentar-la-recoleccion-del-agua.html
[18] Ibíd.

Lo importante, según los investigadores, es pasar de los estudios y las tesis de grado desarrolladas en la Universidad Nacional, a brindar soluciones, y en ello poder involucrar a la comunidad, para aplicar también el proyecto en otros municipios con falencias en cuanto al recurso hídrico en el departamento del Valle del Cauca.

Marco Histórico:

Este proceso de la recolección organizada de gotas de agua del rocío o vaho a través de procesos naturales o asistidos es una práctica antigua, desde las gotas de rocío a pequeña escala de charcos de condensación recogidos en los tallos de una planta, que hoy en día todavía se practica por ambientalistas "varios dispositivos artificiales tales como los antiguos montones de piedra en Ucrania, los "estanques de rocío" medievales en el sur de Inglaterra o la piedra volcánica que cubre los cultivos en los campos de Lanzarote han sido todas tomadas en cuenta para hacer posibles dispositivos de recolección del rocío o de la nieblas"[19].

El proyecto también es conocido desde hace tiempo en el desierto de Atacama, considerado como uno de los de mayor aridez del mundo; sin embargo, en sus costas, las masas de aire húmedo del océano Pacífico forman neblinas matinales o niebla de "advección", llamadas localmente "camanchacas", "desde los años sesenta, diversos investigadores habían concebido el aprovechamiento del agua en las camanchacas. Destacan, sobre todo, los trabajos hechos por Carlos Espinosa Arancibia, físico de la Universidad de Chile que obtuvo una patente de invención, por un aparato destinado a captar agua contenida en las nieblas o camanchacas"[20]. Posteriormente este proyecto se donó a la Universidad Católica del Norte y fomentó su difusión gratuita a través de la Organización de las Naciones Unidas para la Educación, la Ciencia y la Cultura UNESCO.

---

[19] ECOLOGICOS, ECONÓMICOS Y/O SOCIALES, ATRAPANIEBLAS: UN SISTEMA TRADICIONAL DE CAPTACIÓN DE AGUA, disponible en
http://ecococos.blogspot.com.co/2012/05/atrapanieblas-un-sistema-tradicional-de.html
[20] Ibíd.

Marco Legal

- Ley 373 de 1997, Por la cual se establece el programa para el uso eficiente y ahorro del agua.

- Decreto 1640 de 2012, Por medio del cual se reglamentan los instrumentos para la planificación, ordenación y manejo de las cuencas hidrográficas y acuíferos, y se dictan otras disposiciones.

- Decreto 2811 de 1974, Por el cual se dicta el Código Nacional de Recursos Naturales Renovables y de Protección al Medio Ambiente.

- Ley 1333 de 21 de julio de 2009, establece el procedimiento sancionatorio ambiental y la titularidad de la potestad sancionatoria en materia ambiental para imponer y ejecutar las medidas preventivas y sancionatorias que necesita el país.

Marco Ambiental:

Estos Atrapa-nieblas que se usan en los pueblos del norte chileno fueron desarrollados en conjunto con científicos israelíes: "están formados por un pedestal metálico en que hay un gran marco, de unos 6 m de largo por 4 m de alto. Este marco contiene una malla plástica que facilita la condensación de la neblina. En su parte inferior hay una canaleta y un estanque colector"[21]; en Chile el primer lugar donde se instalaron atrapa nieblas fue el pueblo Chungungo, a 73 km al norte de la ciudad de la Serena; los rendimientos esperables de captación de agua se sitúan de 2 a 10 litros día.

Además, su impacto ambiental es mínimo, debido a que los postes de metal que se instalan, pueden esconderse discretamente en medio de la vegetación.

Grafico 1 Atrapa-nieblas en Chile, (Ecológicos, Económicos y/o Sociales, Atrapa-nieblas: un sistema tradicional de captación de agua, s, f,)

De otra parte, el estudio reveló datos ambientales del proyecto "en estudios recientes realizados en México, se ha determinado que la distribución de gotas de niebla no es homogénea, que las más abundantes son de 30 a 40 (una micra equivale a la millonésima parte de un metro), y que cada nube está formada de cientos de miles de ellas. En el caso de la niebla, que es una nube con baja concentración de agua, hay entre 50 y cien gotas en un centímetro cúbico"[22];

---

[21] ECOLOGICOS, ECONOMICOS Y/O SOCIALES, ATRAPANIEBLAS: UN SISTEMA TRADICIONAL DE CAPTACIÓN DE AGUA, disponible en
http://ecococos.blogspot.com.co/2012/05/atrapanieblas-un-sistema-tradicional-de.html
[22] ECOLOGICOS, ECONOMICOS Y/O SOCIALES, ATRAPANIEBLAS: UN SISTEMA TRADICIONAL DE CAPTACIÓN DE AGUA, disponible en
http://ecococos.blogspot.com.co/2012/05/atrapanieblas-un-sistema-tradicional-de.html

Los captadores son un sistema de precipitación del agua que se encuentra en el aire. En países como España, el sistema está desarrollado por Montes Verdes Ingeniería Agraria, una empresa de las Islas Canarias, que ha registrado el diseño de estos captadores: con una base rectangular para el acopio del agua, dotado con una estructura vertical para la captación que le otorgan el tamaño idóneo, para no necesitar de estructuras de sujeción y pueden recoger entre 20 y 140 litros de agua al día; suministran el líquido a campamentos que se encuentren aislados o en zonas protegida.

Metodología

Según Sampieri[23], existen unos pasos básicos a desarrollar para adelantar la investigación en cualquiera de los enfoques (cualitativo o cuantitativo), estos pasos según el autor de la referencia son:

- Planteamiento del problema; descrito en párrafos anteriores y que conduce a mitigar los problemas de escasez de líquido en esta región.

- Inmersión inicial en el campo, para lo que es fundamental revisar la literatura existente sobre el tema, que sirva como marco de referencia, los casos exitosos en otras regiones con las mismas características del municipio de los Santos.

- Concepción del diseño de estudio: encaminado a resolver los objetivos específicos propuestos; inicialmente analizando los casos de atrapa-nieblas en otras regiones, comparando con las condiciones del municipio de los Santos y finalmente, el diseño más adecuado a las circunstancias de la región.

- Definición de la muestra inicial, o análisis de las fuentes primarias, consistente en estudio directamente en la zona para evaluar las condiciones existentes.

- Recolección de datos, o fuentes secundarias, consistente en la revisión de estudios similares para ser aplicados en la vereda la fuente del municipio los Santos del departamento de Santander.

- Análisis de los datos e interpretación de los resultados obtenidos en el estudio

- Elaboración del reporte de resultados: con base en el análisis del estudio y la recolección de fuentes primarias y secundarias.

---

23 SAMPIERI, METODOLOGÍA DE LA INVESTIGACIÓN, DISPONIBLE EN
http://www.academia.edu/6399195/Metodologia_de_la_investigacion_5ta_Edicion_Sampieri

Tipo de Investigación:

La metodología a adelantar en el presente estudio es de tipo descriptiva: "el principal objetivo de la investigación descriptiva o diagnostica es conocer situaciones particulares, y actitudes predominantes a través de la descripción de las acciones que afecten los resultados del estudio; su labor está encaminada a recolectar datos que le pueda brindar las mejores alternativas de solución; su objeto primordial es brindar medidas con base en la información conseguida, ya que esos datos se analizan y caracterizan para clasificarlos y direccionarlos según los objetivos que pretenda lograr al finalizar el mismo"[24]; en este caso, el análisis de los atrapa-nieblas como fuente no convencional de suministro de agua, para ser aplicado en la región de la vereda la fuente del municipio los Santos en el departamento de Santander.

Método de Investigación:

El método a utilizar en la presente investigación es de tipo inductivo: "la inducción va de lo particular a lo general. Se emplea el método inductivo cuando de la observación de los hechos particulares, se obtiene proposiciones generales, o sea, es aquél que establece un principio general una vez realizado el estudio y análisis de hechos y fenómenos en particular"[25].

Los trabajos de investigación se formulan para resolver los posibles inconvenientes que puedan tener las empresas o regiones para desarrollarse o inconvenientes de la nación en general, pero también pueden diseñarse para mejorar los procesos existentes y brindar soluciones a necesidades de una comunidad particular; esta debe ser sistemática y ordenada; la presente es de tipo

---

[24] CONOZCA TRES TIPO DE INVESTIGACIÓN, disponible en
http://www.creadess.org/index.php/informate/de-interes/temas-de-interes/17300-conozca-3-tipos-de-investigacion-descriptiva-exploratoria-y-explicativa
[25] MÉTODO DEDUCTIVO E INDUCTIVO, disponible en slideshare.net/.../mtodos-deductivo-y-inductivo-7318991

diagnostica[26]; en la que se aplican en una zona específica, las experiencias anteriores del sistema de atrapa-nieblas.

Técnicas para recopilar la información:

Fuentes Primarias:

Determinadas por la observación directa en la zona del municipio de los Santos, además del análisis de las condiciones que se adecuan a los proyectos de atrapa-nieblas ya adelantados en otras regiones, se trata de encontrar unas condiciones similares para una efectiva aplicación del sistema, teniendo en cuenta el contexto geográfico en general de esta zona.

Fuentes Secundarias:

Compuesta por los estudios y trabajos adelantados sobre el tema del diseño de sistema de atrapa-nieblas, son importantes como fuentes secundarias, siempre y cuando se adecuen a las condiciones del municipio de los Santos; pero también la consulta de todo el material bibliográfico concerniente al tema particular de investigación y que pueda aportar para el presente estudio; el inconveniente es que no se encuentra información en textos y esta se limita a lo encontrado en la WEB.

---

[26] INVESTIGACIÓN DIAGNOSTICA, disponible en es.slideshare.net/.../investigación-diagnostica-por-evelyn-simbaa

Resultados Esperados:

El resultado final del proyecto de investigación es la entrega de un documento que plasme la propuesta de un sistema Atrapa nieblas, como fuente de agua no convencional, para mitigar los problemas de escasez del líquido, en la vereda la fuente en el municipio de los Santos departamento de Santander; el producto final incluye los diagnósticos de atrapa nieblas utilizados en otras regiones, los experimentos similares y el análisis de cuáles son las condiciones adecuadas del municipio de los Santos, para posteriormente describir el método más eficiente de atrapa-nieblas para una mayor eficiencia, teniendo en cuenta las condiciones de esta región.

Estrategias de Comunicación:

El documento final será plasmado en un escrito en Word, con las especificaciones técnicas de la norma ICONTEC; que estará disponible para toda la comunidad de las UTS; además de la posibilidad de la sustentación por parte de los autores del proyecto, ante las autoridades académicas que la institución designe.

Resultados

1. Atrapanieblas utilizados y comprobados en diversas regiones del Mundo

Con el propósito de establecer las mejores condiciones de funcionamiento y eficiencia obtenida en la captura de agua, se muestran experiencias en otras regiones, empezando por las del mundo, centrando después la atención en los de Sur América y finalmente las experiencias del país, su propósito es determinar el más adecuado a las características del municipio de los Santos, puntualmente los de la vereda la Fuente.

Es importante recordar que el Atrapa nieblas, es el proceso en el que por medio de la condensación, el vapor de agua atmosférico en el aire, se concentra naturalmente en las superficies frías en las gotas de agua líquida, y debido a que la superficie expuesta se enfría mediante la radiación del calor hacia el cielo, la humedad atmosférica se condensa a una velocidad mayor que la que se puede evaporar, lo que técnicamente resulta en la formación de gotas de agua.

En el mismo sentido, se debe acotar que los Atrapa nieblas han sido mencionados dentro de un estudio macro, junto con los humedales artificiales, la depuración de agua, el "lagunaje", la captación de agua pluvial, la cosecha de agua o la infiltración del acuífero; entre otras, como tecnologías probadas y novedosas para contribuir a la mitigación y adaptación al cambio climático, mediante la adopción de Fuentes de Agua No Convencionales FANC, adelantado por la Universidad Autónoma de México UNAM (Bárcenas UNAM, FANC, s, f,), en el que se describe como un económico invento para atrapar las gotas de agua microscópicas que contiene la neblina, para usarse en regiones desérticas con presencia de niebla; su fundamento es la condensación de la humedad mediante el enfriamiento y choque en malla; el siguiente grafico muestra el paso de la conversión de la neblina en agua mediante el choque con la malla y la recolección en tuberías o canaletas:

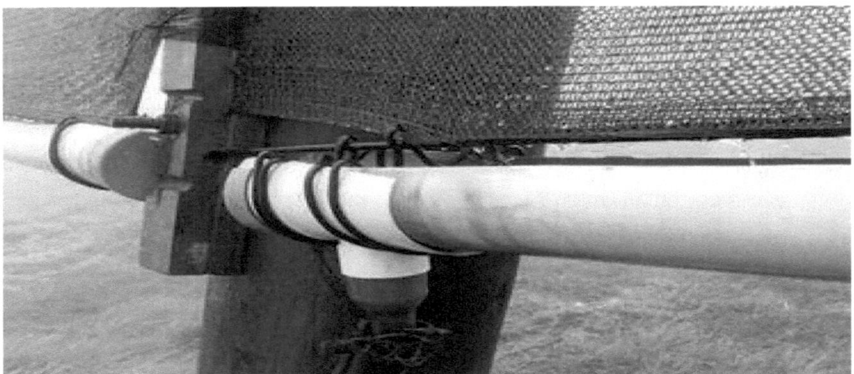

Grafico 2 (Bárcenas UNAM, FANC, s, f,)

Ahora bien, son diversas las regiones del mundo donde se puede probar su efectividad y adecuación a las condiciones geográficas y climáticas:

1.1 Desierto de Néguev en Israel:

(Tectonicablog, Atrapa nieblas 2013); el Néguev se considera desierto debido a las escasas precipitaciones que recibe, son menos de 200 milímetros al año, se encuentra dividido en varias regiones y a pesar de su esterilidad y desolación, la naturaleza sorprende cada vez más; por ejemplo en invierno, a pesar de la escasez de lluvias, el Néguev se cubre de flores asombrosas y cuando se producen tormentas fuertes, puede causar inundaciones en los cauces fluviales.

Muy a pesar de la escasez de agua, en la región se produce rocío por encima de 200 días al año, mientras que la niebla es menos común, por debajo de 50 días al año (Godínez, recolección de Agua por Rocío y Niebla, 2013); esas condiciones del gran roció presentado, son las que se aprovechan para el proyecto de Atrapa nieblas; en la imagen se aprecia el rocío sobre una tela de araña en Israel.

Grafico 3: Rocío sobre una tela de araña en Hula, Israel (Godínez, recolección de Agua por Rocío y Niebla, 2013)

En 2002 se inició el proyecto para aprovechar estas situaciones naturales, a pesar de la adversidad de las condiciones físicas; se colocaron captadores de niebla y roció, utilizados en la agricultura, pero también usados por la escasa población en consumo diario y jardinería.

Humedad del Aire

En el desierto del Neguev israelí, por ejemplo, la humedad relativa promedio del aire es del 64%. Esto quiere decir que en un metro cúbico de aire hay 11,5 centímetro cúbicos de agua. Para obtener un litro del preciado líquido bastaría con extraer la humedad de unos 100 metros cúbicos de aire.

Demostración del Resultado

Dicho lo anterior, para la validación de los datos debemos recordar que para cálculos científicos, la temperatura ambiente es usualmente tomada de 20 a 25 grados Celsius (293 o 298 Kelvin, 68 o 77 grados Fahrenheit).

Entonces, del diagrama psicrométrica tenemos:

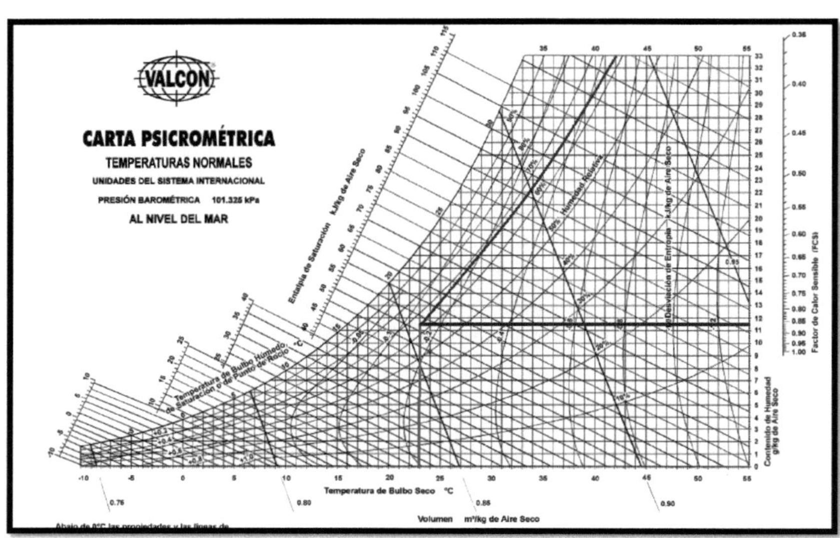

Tabla1 (Carta psicrométrica a temperaturas normales y presión barométrica) (a nivel del mar)

——————————   Temperatura de Bulbo Seco

——————————   Humedad relativa

——————————   Contenido de Humedad g/kg de Aire Seco

De ello podemos deducir que la temperatura ambiente utilizada para este caso fue de 23°C, aproximadamente, lo cual es válido y converge en el rango aceptado para cálculos

Científicos estándar. Esta temperatura será tomada como base para la obtención de datos en las siguientes referencias espaciales con la intención de consolidar los resultados.

Ahora, el dato tomado por el eje vertical (11.5), el cual corresponde a la humedad absoluta, se dimensiona en unidades de g/Kg y que es equivalente a cm³/m³, ya que la densidad promedio del agua es de 1 gr/cm³:

$$D = \frac{m}{v} \ggg 1\frac{g}{cm^3} = \frac{11.5\ g}{v}$$

$$v = \frac{11.5}{1} = 11.5\ cm^3 de\ agua$$

Analicemos la cantidad de agua obtenida a partir de 100 m³ de aire y que lo podemos resolver a través de una proporción básica:

$$100m^3\left(\frac{11.5cm^3}{1m^3}\right) = 1150cm^3$$

Convirtiendo a litros:

$$1150cm^3\left(\frac{1m^3}{(100cm)^3}\right)\left(\frac{1000Litros}{1m^3}\right) = 1.15Lt\ de\ Agua$$

Con esto podemos concluir que con 100 m³ de aire es suficiente para lograr recolectar poco más de un litro de agua.

Calidad del Aire

La política de calidad de aire de Israel se basa en los siguientes elementos:
Prevención de la contaminación del aire a través de la integración de consideraciones ambientales y planificación física; sistemas de vigilancia y control intermitente; legislación y aplicación de las leyes incluyendo normas ambientales y de emanación; investigación; cooperación internacional; tratamiento individual de las fuentes de contaminación; reducción de las emanaciones contaminantes de los vehículos motorizados.

En los casos en que es posible, los esfuerzos se centran en limitar la contaminación del aire por medio de una planificación física racional. La Ley de Planificación y Construcción, a través de sus Regulaciones de Declaración del Impacto Ambiental de 1982, cumple una importante función en la preservación de la calidad del aire restringiendo las emanaciones de contaminantes en las instalaciones planificadas, según estipulan las normas de emanación basadas en la Mejor Tecnología Accesible. Se exige la preparación de una declaración del impacto ambiental para cualquiera de los siguientes tipos de proyectos, si se considera la posibilidad de un significativo impacto ambiental: usinas eléctricas, vertederos de desperdicios peligrosos, minas, canteras e industrias ubicadas fuera de zonas industriales específicas, si se temiera que causen un claro daño ambiental sobre la localidad. Hasta la fecha, debido a la falta de regulaciones estatutarias referentes a las normas de emanación, los decretos individuales emitidos de acuerdo con la Ley de Supresión de Molestias han constituido uno de los más importantes instrumentos legales en Israel para controlar la polución del aire de las fuentes fijas existentes. Estas directivas administrativas incluyen estipulaciones específicas a los contaminadores sobre cómo evitar la polución del aire y se han emitido alrededor de veinte a empresas industriales, incluyendo algunas de las más antiguas usinas de energía de Israel, refinerías de petróleo crudo, plantas de cemento, plantas químicas y petroquímicas, canteras y otras fábricas. Limitaciones ambientales para evitar la contaminación del aire son introducidas también en las licencias empresariales para plantas problemáticas, en el marco de la Ley de Licencia de Empresas.

1.2 Tenerife España:

Pensando en cubrir las necesidades de las pequeñas comunidades rurales, se adelanta en Tenerife, España, está idea con el propósito de captar agua de la niebla que queda adherida en los hilos de las mallas, para después acumularla en los depósitos, las mallas más frecuentes son de polipropileno, metálicas, con hilos de teflón, rafia o plástico (Twenergy, Atrapa nieblas: exprimiendo nubes para captar agua, 2012). En esta región, las mejores condiciones para una buena captación, son una altitud en torno a los 800 a 900 metros, (en la mesa de los Santos la altitud es cercana a los 1.400 mts., sobre el nivel del mar), pero aquí hay que aprovechar antes que se adentren a las Islas, pues van perdiendo su contenido liquido; se han instalado pantallas, cuyo uso se destina a reforestación:

Grafico 4: Mallas Atrapa nieblas (Twenergy, Atrapa nieblas: exprimiendo nubes para captar agua, 2012)

Un proyecto similar en España, es el denominado Montes Verdes Ingeniería Agraria (Twenergy, Atrapa nieblas: exprimiendo nubes para captar agua, 2012), en el que la disposición de las mallas permite la entrada de la niebla a través de todo el captador, creando turbulencias internas que fomentan la precipitación del agua. Aquí las gotas quedan retenidas y al unirse entre sí, terminan por precipitarla hacia la base, fue diseñada para filtrar el agua antes de pasar a las tuberías que conducen al depósito. Ha permitido recoger en un mes hasta 3 mil litros de agua.

La empresa asegura que hay días en los que se recogen 500 litros de agua, abasteciendo a una población de 2.000 habitantes con un consumo medio por habitante de 140 litros al día, un proyecto muy satisfactorio para toda la comunidad.

Humedad y calidad del aire

En Tenerife España, la humedad relativa promedio del aire es del 73%. A partir de la aplicación de la fórmula para las características propias en Tenerife España, el potencial de agua nos da 12.9 cm3 de agua.

La calidad del aire viene determinada por la presencia en la atmósfera de contaminantes atmosféricos, que pueden ser material particulado o contaminantes gaseosos como el dióxido de nitrógeno (NO2), dióxido de azufre (SO2) y ozono troposférico (O3).

La normativa vigente en materia de calidad del aire establece unos niveles de contaminantes en la atmósfera que no deben sobrepasarse en aras de la protección de la salud y de los ecosistemas.

En la actualidad, las redes de calidad de aire ambiente de España, gestionadas por las comunidades autónomas, y en algunos casos, por las entidades locales, cuentan con más de 600 estaciones de medición fijas, distribuidas por toda la geografía española. El número de analizadores supera la cifra de 4.000. Además, la evaluación de la calidad del aire mediante estas estaciones fijas están apoyadas por modelos de simulación de calidad del aire cada vez más desarrollados.

Con fecha de 12 de abril de 2013 el Consejo de Ministros ha acordado la aprobación del Plan Nacional de Calidad del Aire y Protección de la Atmósfera 2013-2016: Plan AIRE que cuenta con la colaboración de las comunidades autónomas, entidades locales y departamentos ministeriales implicados, así como de la comunidad científica.

Demostración del Resultado

Del diagrama psicrométrica tenemos:

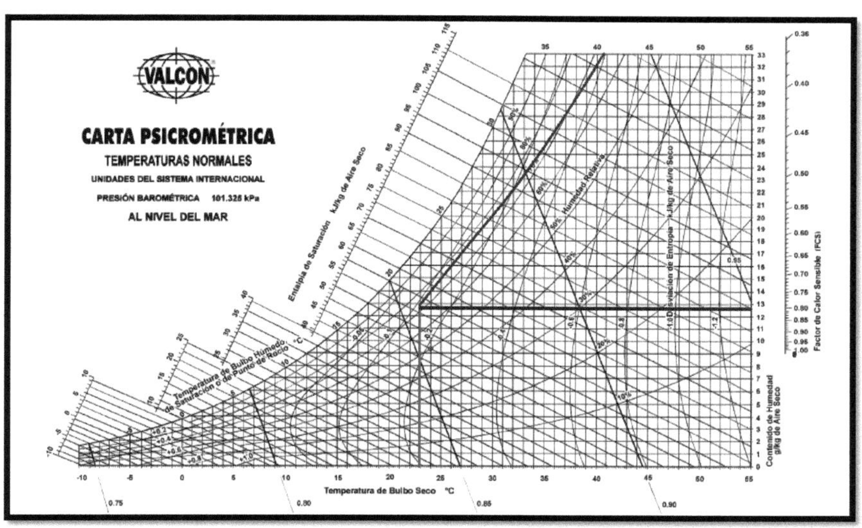

Tabla 2 (Carta psicrométrica a temperaturas normales y presión barométrica) (a nivel del mar)

―――――――――― Temperatura de Bulbo Seco

―――――――――― Humedad relativa

―――――――――― Contenido de Humedad g/kg de Aire Seco

Dimensión de los 12.9 g/Kg:

$$D = \frac{m}{v} \ggg 1\frac{g}{cm^3} = \frac{12.9\ g}{v}$$

$$v = \frac{12.9}{1} = 12.9\ cm^3 de\ agua$$

Cantidad de agua obtenida a partir de 90 m³ de aire:

$$90m^3 \left(\frac{12.9cm^3}{1m^3}\right) = 1161cm^3$$

Convirtiendo a litros:

$$1161cm^3 \left(\frac{1m^3}{(100cm)^3}\right)\left(\frac{1000Litros}{1m^3}\right) = 1.161Lt\ de\ Agua$$

Esto quiere decir que en un metro cúbico de aire hay 12,9 centímetro cúbicos de agua, con 23°C de temperatura ambiente. Para obtener un litro del preciado líquido bastaría con extraer la humedad de unos 90 metros cúbicos de aire.

1.3 Experiencias de Atrapa-nieblas en Perú

Lima es una ciudad muy particular en la que casi nunca llueve, pero la mayoría de los días está envuelta en la niebla que viene del mar, esa niebla son millones de gotas de agua sobre la capital del Perú, que aparece en mayor cantidad en invierno, por esta razón, se planea instalar 1.000 Atrapa nieblas, que canalicen el agua para que se use en el consumo humano, el riego de pequeñas parcelas agrícolas y abastecer a familias en extrema pobreza; produciendo hasta 400.000 litros de agua al día (Academia.edu, Atrapa nieblas en las localidades de Paraíso y Mantial de Villa maría del Triunfo, 2013). Las redes que recogen el agua de la neblina, se usan entre otras regiones, en el Asentamiento Humano Villa Lourdes Ecológica, barrio de pobreza extrema ubicado en el distrito de Villa María del Triunfo, en el sur de Lima, segunda ciudad más grande del mundo, después de El Cairo, ubicada en medio de un desierto.

La población entiende que el agua es muy cara y con el programa de acceso al agua de los Atrapa nieblas, se espera un auto financiamiento con lo recibido por reforestación, biodigestores, reutilización de aguas servidas, y plantas de tratamiento de rápido impacto; además de auto abastecerse de verduras, frutas y plantas aromáticas; la idea es que con lo ahorrado en agua y alimentos, pueden financiar el proyecto de recolección del líquido, a través de fuentes no convencionales, como es el Atrapa nieblas (agencia EFE, mil Atrapa nieblas para dar agua en el desierto, 2015).

Técnicamente, la implementación se centra en la obtención de agua de las pequeñas partículas suspendidas en la atmosfera, lo que se conoce popularmente como neblina, en una zona cuya altitud es aproximadamente de 220 metros sobre el nivel del mar; unas condiciones ya muy parecidas a las del municipio de los Santos; ahora bien, la captura se basa en forzar artificialmente, con la mallas recolectoras, la precipitación de las minúsculas gotas constituyentes de las nieblas, que al ser arrastradas por los vientos dominantes, depositan parte de su contenido líquido sobre las lonas y de esta forma se aprovechas para el uso de las comunidades beneficiadas (Academia.edu, Atrapa nieblas en las localidades de Paraíso y Mantial de Villa maría del Triunfo, 2013)

Grafico 5: (Academia.edu, Atrapa-nieblas en las localidades de Paraíso y Mantial de Villamaria del Triunfo, Perú 2013)

Como se aprecia en la gráfica, la instalación del Atrapa nieblas, debe hacerse en la zona de mayor concentración de neblina para una mayor eficiencia del sistema;

además, se capta la neblina, extendiendo redes de malla plástica colocadas verticalmente; las gotas se depositan en la trama de la tela, al momento de aumentar su tamaño, son atraídas por la gravedad y se conducen al tanque de almacenamiento, para ser utilizada en agua potable o de riego. El sistema también ha contribuido a reforestar terrenos muy áridos, mejorando la calidad del medio ambiente (Academia.edu, Atrapa nieblas en las localidades de Paraíso y Mantial de Villa maría del Triunfo, Perú 2013)

Humedad y calidad del aire

En Perú la humedad relativa promedio del aire es del 94%. A partir de la aplicación de la fórmula para las características propias en Perú, el potencial de agua nos da 16.5 cm3 de agua.

La contaminación del aire es uno de los mayores problemas ambientales en el Perú. Su principal fuente son las emisiones vehiculares, pero también existen casos concretos de contaminación por emisiones industriales. El incremento desmedido del parque automotor con vehículos usados y el caótico sistema de transporte público imperante son las causas fundamentales de la contaminación del aire en las ciudades. Lamentablemente, el desarrollo del transporte urbano ha ocurrido de manera desordenada y sin control, debido en gran parte a la libre importación de vehículos usados a partir de 1992, en su mayoría impulsados con diesel. Así, se generó un parque automotor obsoleto y no sometido a revisiones técnicas que ha creado una situación particularmente grave en el caso del transporte masivo. La liberación de rutas y de los requisitos para establecer líneas de transporte urbano ha determinado que el parque automotor esté conformado en su mayoría por vehículos de poca capacidad (12 pasajeros), contribuyendo al caos vehicular en las principales ciudades. En adición, el uso generalizado del diesel con alto contenido de azufre agudiza los problemas de contaminación del aire en las ciudades. Sin embargo, la introducción reciente del gas natural vehicular ha mejorado la situación. Asimismo, hay sectores productivos (muchos de ellos extractivos) y de servicios que debido a la quema de combustibles fósiles, principalmente diesel y petróleo residual, afectan la calidad del aire no solo urbano sino rural . Es así que el Estado, en busca de garantizar el desarrollo económico y la protección del medio ambiente crea el MINAM con la Ley N° 29157, que es el organismo rector del sector ambiental, forma parte del Poder Ejecutivo y tiene por función desarrollar, dirigir, supervisar y ejecutar la Política nacional del Ambiente, aplicable a todos los niveles del gobierno y en el marco del Sistema Nacional de Gestión Ambiental.

Demostración del Resultado

Del diagrama psicométrico tenemos:

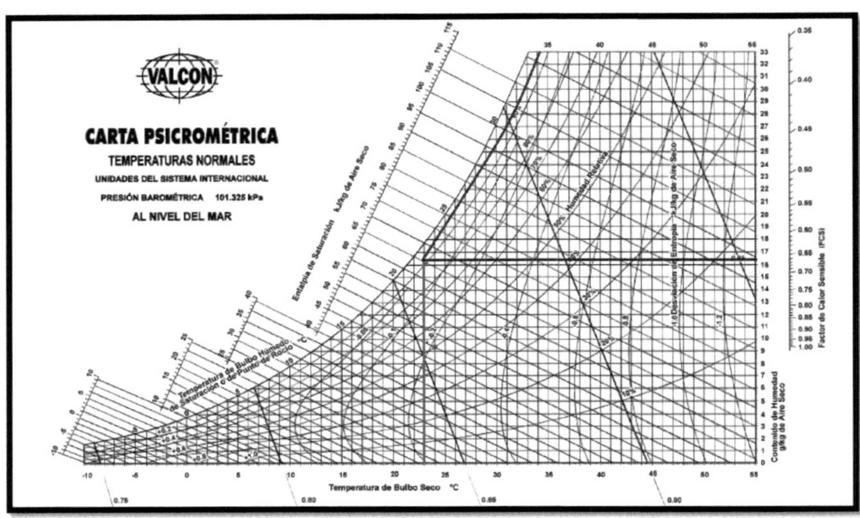

Tabla 3 (Carta psicométrica a temperaturas normales y presión barométrica) (a nivel del mar)

———————————— Temperatura de Bulbo Seco

———————————— Humedad relativa

———————————— Contenido de Humedad g/kg de Aire Seco

Dimensión de los 16.5 g/Kg:

$$D = \frac{m}{v} \ggg 1\frac{g}{cm^3} = \frac{16.5\,g}{v}$$

$$v = \frac{16.5}{1} = 16.5\ cm^3 de\ agua$$

Cantidad de agua obtenida a partir de 70 m³ de aire:

$$70m^3 \left(\frac{16.5cm^3}{1m^3}\right) = 1155cm^3$$

Convirtiendo a litros:

$$1155cm^3 \left(\frac{1m^3}{(100cm)^3}\right)\left(\frac{1000 Litros}{1m^3}\right) = 1.155 Lt\ de\ Agua$$

Esto quiere decir que en un metro cúbico de aire hay 16,5 centímetro cúbicos de agua, con 23°C de temperatura ambiente. Para obtener un litro del preciado líquido bastaría con extraer la humedad de unos 70 metros cúbicos de aire.

1.4 Atrapa nieblas en Chile

Desde los años sesenta en Chile, se conoce de los Atrapa nieblas, Carlos Espinosa Arancibia, físico de la Universidad de Chile obtuvo una patente de invención por un aparato destinado a captar agua contenida en las nieblas o camanchacas. Luego donó su invención a la Universidad Católica del Norte y fomentó su difusión gratuita a través de la Organización de las Naciones Unidas para la Educación, la Ciencia y la Cultura, UNESCO por sus siglas en Ingles; después sobrevinieron una serie de mejoras, pero Espinosa sigue siendo reconocido por su invención (Tectonicablog, Atrapa nieblas 2013); ahora bien, el proyecto se ha aplicado en el Desierto de Atacama, uno de los más secos del mundo, donde se aprovechan las masas de aire húmedo del Océano Pacífico, que forman neblinas matinales o niebla de advección, llamadas popularmente en la región camanchacas.

Su primera utilización data de 1956, ocurre que en la ciudad de Antofagasta, al norte de Chile, se presenta una crisis grave por falta de falta de agua, Espinoza realizó una serie de observaciones directas junto al jesuita Germán Saa y el ingeniero Nicolás Lianfranco; instalando en el cerro más alto de la ciudad, el primer panel de Atrapa nieblas, fabricado con hilos de nylon; cabe anotar que los que se utilizan hoy día, están formados por un pedestal metálico, de 6 metros de largo por 4 metros de alto, en el que se sostiene una malla plástica que facilita la condensación de la neblina; el agua se recoge en una canaleta y un estanque; las mallas más utilizadas son de polietileno; la técnica fue desarrollada en conjunto con científicos Israelíes; debe instalarse en sitios altos expuestos a la niebla y conectados por tuberías a los depósitos de agua.

Los rendimientos esperados de captación de agua son de 2 a 10 litros por día, para lo que se necesitarían en el caso de la mesa de los Santos, por lo menos 6 mallas, para recoger un promedio de 50 litros de agua al día; pero también teniendo en cuenta las condiciones ambientales sobre la calidad del agua recogida por los Atrapa nieblas, por ejemplo, no puede estar contaminada pues se convierte en niebla ácida

Grafico 6: Mallas utilizadas en el desierto de Atacama en Chile (BBC, Los Atrapa nieblas que capturan agua en Atacama, uno de los lugares más secos del mundo 2015)

Los habitantes y expertos del tema, consideran que los Atrapa nieblas puedan competir con las plantas desalinizadoras, con la ventaja que estos son amigables con el medio ambiente, mientras que aquellas plantas no; además los capta nieblas pueden adaptarse a unas zonas muy secas.

En el mismo orden de ideas, la cervecería artesanal de la ciudad utiliza la misma agua,

"Atrapa nieblas" es una empresa pequeña que produce cerca de 24.000 litros por año, sus propietarios consideran que el agua proveniente de la neblina, le da un toque especial y hace que se produzca una cerveza de excelente calidad (BBC, Los Atrapa nieblas que capturan agua en Atacama, uno de los lugares más secos del mundo 2015).

Grafico 7: cerveza producida con agua de Atrapa nieblas en Chile (BBC, Los Atrapa nieblas que capturan agua en Atacama, uno de los lugares más secos del mundo 2015)

Humedad y calidad del aire

En chile la humedad relativa es de 63,69%

Demostración del Resultado

Del diagrama psicométrico tenemos:

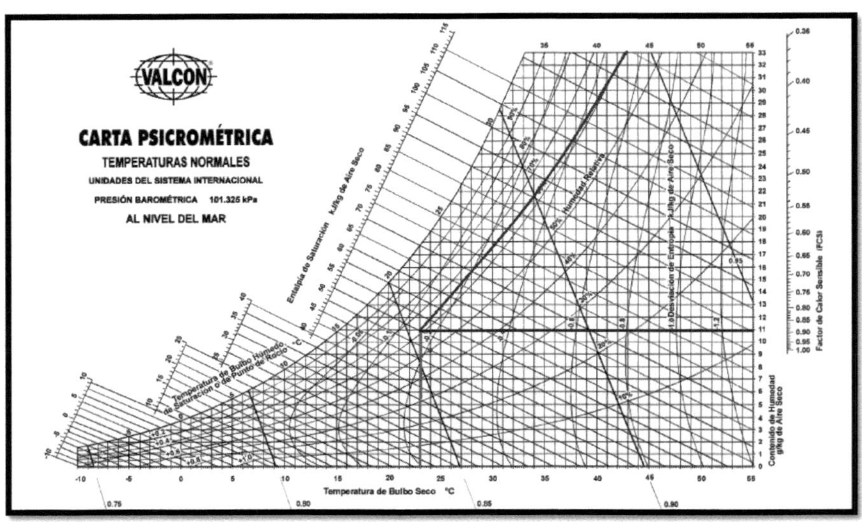

Tabla 4 (Carta psicrométrica a temperaturas normales y presión barométrica) (a nivel del mar)

——————	Temperatura de Bulbo Seco
——————	Humedad relativa
——————	Contenido de Humedad g/kg de Aire Seco

Dimensión de los 11 g/Kg:

$$D = \frac{m}{v} \ggg 1\frac{g}{cm^3} = \frac{11\,g}{v}$$

$$v = \frac{11}{1} = 11 \; cm^3 de \; agua$$

Cantidad de agua obtenida a partir de 100 m³ de aire:

$$100m^3 \left(\frac{11cm^3}{1m^3}\right) = 1100cm^3$$

Convirtiendo a litros:

$$1100cm^3 \left(\frac{1m^3}{(100cm)^3}\right) \left(\frac{1000Litros}{1m^3}\right) = 1.1Lt \; de \; Agua$$

Esto quiere decir que en un metro cúbico de aire hay 11 centímetro cúbicos de agua, con 23°C de temperatura ambiente. Para obtener un litro del preciado líquido bastaría con extraer la humedad de unos 100 metros cúbicos de aire.

2. Condiciones actuales de la zona de estudio, para establecer posibilidades de los sistemas atrapa nieblas en esta región.

El territorio que actualmente comprende el Municipio de Los Santos ocupa parte de la llamada Meseta de Jéridas y se encuentra ubicado entre la Hoya del Río Suárez y una parte de la cuenca del Río Chicamocha, región que está al oriente de los riscos casi verticales que forman el cañón del Chicamocha (Los Santos Santander Indicadores 2015); es además una zona de gran extensión de tierras agrestes, rocosas, de erosión crítica, especialmente en los farallones y laderas del Cañón, se localiza a 62 kilómetros de la ciudad de Bucaramanga, pertenece a la Provincia de Soto, ubicado al Oriente del Departamento de Santander, conformado por 15 Veredas, dentro de las cuales se encuentra la Fuente, zona en la que se adelantará el proyecto.

Los Santos, es una zona de escasa cobertura vegetal, la mayoría de las quebradas permanecen secas, y algunas solo son canales naturales de drenaje que únicamente transportan caudal en el momento en que se presenta la lluvia; se ubica en la Cordillera oriental, siendo esta una de las más diversas del país, de bosque seco Subandino entre los 1.000 y 1.800 metros sobre el nivel del mar en las veredas El Potrera, La Fuente, Majadal, Rosa Blanca; posee cultivos semipermanentes de Tabaco, Maíz, y Fríjol, entre otros, además zonas de Pasto natural y mejorado para la ganadería; ahora bien, la latitud de la vereda la fuente es de aproximadamente 1400 metros sobre el nivel del mar (Los Santos Santander, Indicadores 2015)

Las principales actividades económicas hacen parte del sector primario: cultivos de tabaco, tomate, pimentón, fríjol, patilla; además un sector avícola renglón de gran importancia a nivel departamental y nacional; unido al sector minero, catalogado como una de las principales fuentes de ingresos del municipio por producción y variedad en minerales que el municipio posee. El sector turístico está representado en las parcelaciones de tipo recreativo que se desarrollan en la Mesa de Los Santos, donde sus condiciones de clima, tranquilidad y paisaje han permitido desarrollar un modelo de crecimiento para los habitantes del área metropolitana (Los Santos Santander Indicadores 2015)

Infortunadamente uno de los serios problemas que tiene la región es la falta de agua (RCN, Pueblos y ciudades del país que sufren por falta de agua, 2016): "en Los Santos, Santander, la sequía de casi dos años impide el suministro al acueducto. El municipio fue declarado en calamidad pública. La lluvia que no cae desde hace 22 meses sobre el municipio de Los Santos tiene al borde la sequía a la quebrada Los Pozos que surte al área urbana. La quebrada La Cañada, que provee al área rural, ya se secó". Se volvió a las épocas en que la gente se desplazaba hasta el río Sogamoso para lavar la ropa los fines de semana y el tema es muy preocupante; se tienen racionamientos de agua hasta de 12 horas al día y se han presentado casos extremos de ocho días sin el preciado líquido en toda la zona.

Una de las políticas de la alcaldía, ha sido la de llevar agua a todas las veredas, en lo corrido del 2016 se han entregado más de 80 viajes de 12 mil litros de agua, o sea, 2 mil litros por familia (Los Santos-Santander.gov.co, 2016); de cualquier forma y sin desconocer la buena voluntad de los gobernantes, es una política que no es suficiente y por eso se buscan fuentes alternativas no convencionales, por ejemplo el agua que se consigue a través de la infiltración del acuífero, ya adelantado en la localidad; también se quiere presentar este proyecto de atrapa nieblas, que serviría de gran ayuda para toda la comunidad, inicialmente de la vereda la Fuente y después para toda la zona que se beneficiaría con el presente estudio.

En cuanto a los aspectos técnicos, la distribución temporal en la zona se presenta por fenómenos "convectivos" (nubes de gran desarrollo vertical), que se originan en el valle del Magdalena Medio; también la influencia sobre el territorio nacional de la Zona de Convergencia Intertropical (ZCIT), que es una franja nubosa formada por las corrientes de aire cálido y húmedo provenientes de los grandes cinturones de alta presión situados en la zona subtropical de los hemisferios norte y sur, dando origen a la formación de grandes masas nubosas generadoras de abundantes precipitaciones (Los Santos Santander, Indicadores 2015).

En ese orden de ideas, como consecuencia de la acumulación de humedad en el valle y su posterior ascenso debido a las altas temperaturas en la región, los sistemas hacen que una parte de la masa de aire húmedo del Valle del Magdalena medio se desplace hacia el Este en dirección del municipio de los Santos, generando precipitaciones orográficas, las cuales se originan cuando las masas de aire húmedo chocan contra el flanco Oeste de la cordillera Oriental enfriándose, condensándose y posteriormente depositando parte de su humedad en forma de precipitación sobre dicho flanco (Los Santos Santander, Indicadores 2015).

Estas situaciones son las que se piensan aprovechar y se revisan en el siguiente capítulo, teniendo en cuenta que las condiciones que más se asemejan a estas características, son las que se han producido en las regiones del Atacama en Chile y las de localidades de Paraíso y Mantial de Villa maría del Triunfo; en Lima. Hay que revisar aspectos como la altitud cercana a los 1.400 metros sobre el nivel del mar, unido a la determinación de la zona de mayor eficiencia, para una mayor productividad del Atrapa nieblas.

Humedad del Aire Municipio de los Santos, departamento de Santander.

La humedad relativa promedio del aire es del 93%.

Demostración del Resultado

Del diagrama psicométrico tenemos:

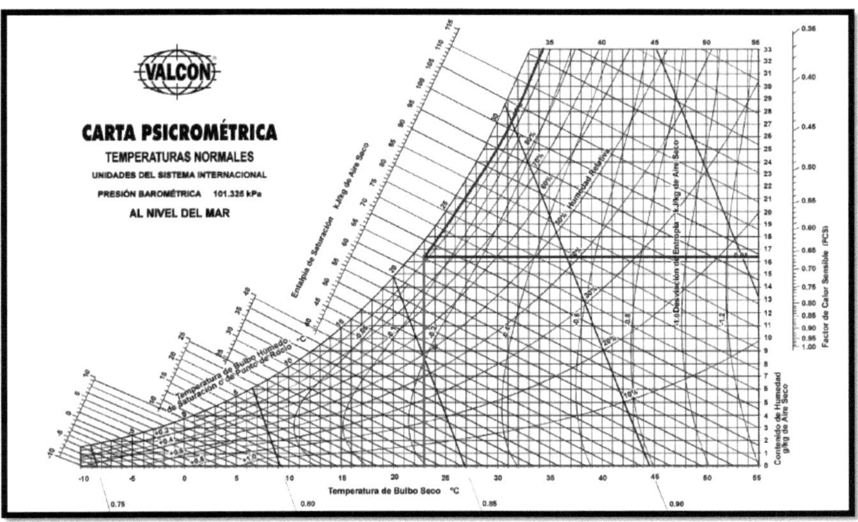

Tabla 5 (Carta psicrométrica a temperaturas normales y presión barométrica) (a nivel del mar)

___________   Datos reales Temperatura de Bulbo Seco

___________   Humedad relativa

___________   Línea proyectada para obtener Contenido de Humedad g/kg de Aire Seco

Dimensión de los 16.3 g/Kg:

$$D = \frac{m}{v} \ggg 1\frac{g}{cm^3} = \frac{16.3\ g}{v}$$

$$v = \frac{16.3}{1} = 16.3\ cm^3 de\ agua$$

Cantidad de agua obtenida a partir de 70 m³ de aire:

$$70m^3 \left(\frac{16.3cm^3}{1m^3}\right) = 1141cm^3$$

Convirtiendo a litros:

$$1141cm^3 \left(\frac{1m^3}{(100cm)^3}\right)\left(\frac{1000Litros}{1m^3}\right) = 1.141Lt\ de\ Agua$$

Esto quiere decir que en un metro cúbico de aire hay 16.3 centímetro cúbicos de agua, con 23°C de temperatura ambiente. Para obtener un litro del preciado líquido bastaría con extraer la humedad de unos 70 metros cúbicos de aire.

Análisis Comparativo

Finalmente podemos organizar los datos para obtener un panorama más general de los resultados y observar el comportamiento de las variables en funciones de la humedad relativa, para cada caso:

PARTES EXITOSAS EN DIVERSAS REGIONES DEL MUNDO	HUMEDAD RELATIVA [%]	POTENCIAL DE AGUA [cm³]	LITROS DE AGUA RECOLECTADOS
DESIERTO DE NÉGUEV	64	11.5	1.15
TENERIFE ESPAÑA	73	12.9	1.161
EXPERIENCIAS DE ATRAPA-NIEBLAS EN PERÚ	94	16.5	1.155
ATRAPA NIEBLAS EN CHILE	63.69	11	1.1
MUNICIPIO DE LOS SANTOS, DEPARTAMENTO DE SANTANDER.	93	16.3	1.141

Tabla 6.

18
16
14
12
10
8
6
4
2
0
Potencial de agua [cm³]
0   10   20   30   40   50   60   70   80   90   100
Humedad Relativa [%]

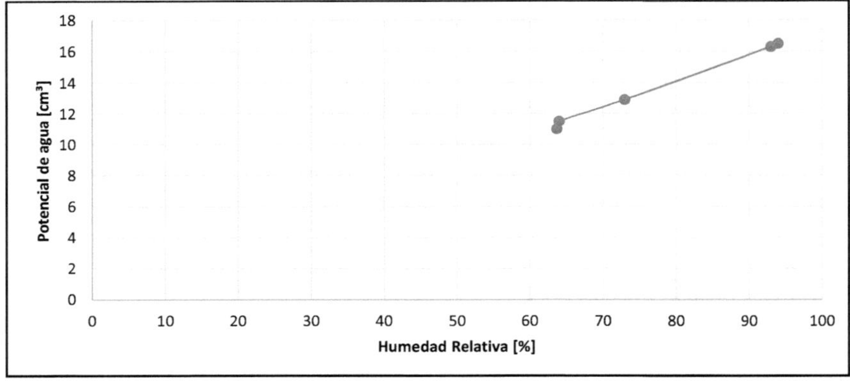

Tabla 7

3. Descripción del método de atrapa-nieblas para la Vereda La fuente en el municipio de los Santos

De acuerdo a lo revisado en las diferentes experiencias de Atrapa nieblas alrededor del mundo, los pasos para adelantar el proyecto en la vereda la fuente del municipio de los Santos, son los siguientes:

1. Determinación de la zona de mayor eficiencia (ladera de la meseta, vereda la Fuente)
2. Adquisición de materiales:
   - Postes de madera o hierro
   - Bases de cemento
   - Cables y tensores de material inoxidable y resistente al agua.
   - Malla tipo Raschel, polipropileno, metálicas, con hilos de teflón, rafia o plástico: las más utilizadas son las de polipropileno, son útiles en los Atrapa nieblas por su resistencia a la tensión, se mantienen planas, sin pliegues y además son lisas, ligeras y resistentes; no se deforman.
   - Cañería de PVC
   - Pernos hexagonales
3. Instalación del equipo completo de Atrapa nieblas: su instalación no es complicada, pero debe tenerse en cuenta aspectos como neblina, velocidad del viento y contenido de agua en el flujo.
4. Puesta en funcionamiento
5. Mantenimiento y revisión; los Atrapa nieblas requieren de un buen mantenimiento y esa labor básicamente es de la población, hay que guardar las mallas en época desfavorable de neblina, además de recubrir la estructura de material plástico con la finalidad de evitar deterioro (Academia.edu, Atrapa nieblas en las localidades de Paraíso y Mantial de Villamaria del Triunfo, 2013); la comunidad debe entender que son ellos los principales beneficiados con el proyecto en caso de realizarse.

El siguiente grafico muestra cómo se forman las brumas y el proceso de instalación de los Atrapa nieblas para que sea eficiente.

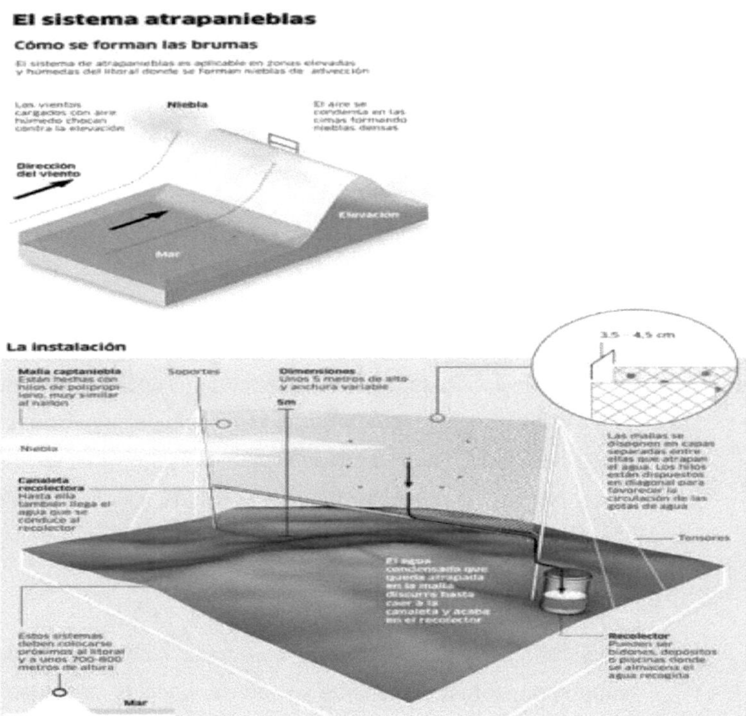

Grafico 8: como se forman las brumas y proceso de instalación del sistema de Atrapa nieblas (Academia.edu, Atrapa nieblas en las localidades de Paraíso y Mantial de Villa maría del Triunfo, 2013)

En la gráfica se aprecia inicialmente como el aire se condensa en las cimas y forma neblina densa; esos vientos cargados con aire húmedo, chocan contra la malla de polipropileno y forma gotas de agua; en la parte inferior del gráfico, se aprecia la mejor forma de instalar los Atrapa nieblas para una mayor eficiencia en la captación del líquido; incluso existen capta nieblas caseros, que surten una familia con una malla instalada de manera rustica y un procedimiento muy elemental.

La siguiente secuencia, muestra la instalación del atrapa nieblas de manera artesanal por la comunidad en Perú

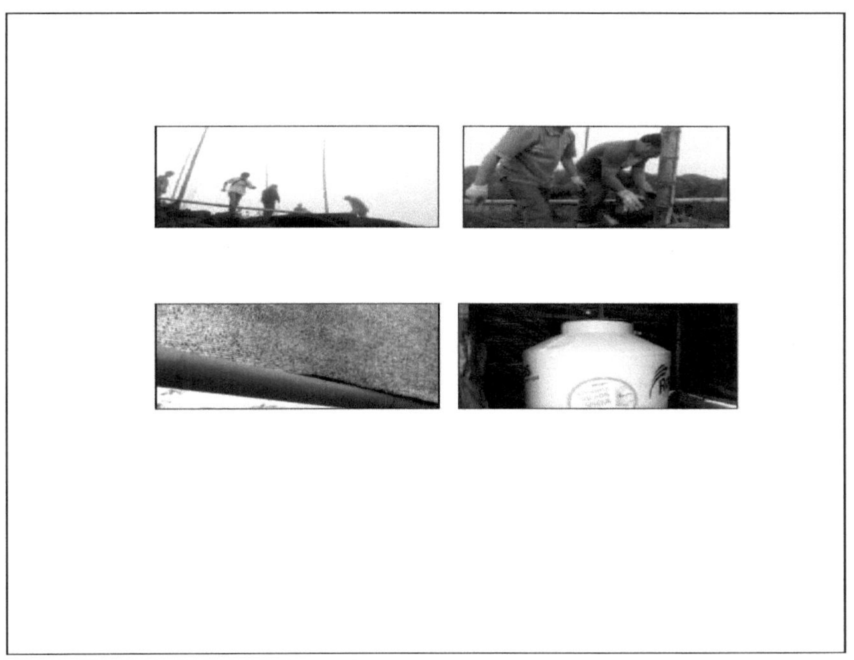

Grafico 9: Instalación del Atrapa nieblas por parte de la comunidad en Perú (Academia.edu, Atrapa nieblas en las localidades de Paraíso y Mantial de Villa maría del Triunfo, 2013)

Procedimiento adecuado a utilizar en la vereda la Fuente

Teniendo en cuenta lo analizado y estudiado con otros Atrapa nieblas de experiencias en diversas regiones del mundo y las características que se pueden examinar en la zona, el procedimiento se puede adelantar pero teniendo en cuentas aspectos como medir la velocidad del viento y el contenido de agua líquida en el flujo, para lo que debe utilizarse una red de sensores inalámbricos para realizar un mapa del flujo; también la mejora en el diseño de Atrapa nieblas para ser más eficiente (El Espectador, Atrapa nieblas, Gran potencial para conseguir agua, 2014); una buena alternativa es crear mallas en polipropileno, atrapando gotas de agua de la niebla, para recoger en esta zona de los Santos, entre tres y siete litros de agua diariamente por metro cuadrado, dependiendo de una gran ubicación.

Estudio de factibilidad de la zona

Hay que determinar si el proyecto es viable o no, para ello se cuenta con indicadores que faciliten el rastreo de la zona más adecuada, en este caso la vereda la Fuente por la concentración de neblina que se presenta en la región; se debe evitar una mala localización del Atrapa nieblas y evitar pérdidas económicas innecesarias (Academia.edu, Atrapa nieblas en las localidades de Paraíso y Mantial de Villa maría del Triunfo, 2013).

Debe utilizarse el anemómetro, instrumento que sirve para medir la dirección y la fuerza del viento; también el neblimometro, que permite conocer el comportamiento diario y estacional del recurso, con estos dos aparatos se mide tanto la dirección del viento como la concentración de neblina, para establecer cantidad de agua a recolectar o captación de agua de niebla por metro cuadrado al día (Academia.edu, Atrapa nieblas en las localidades de Paraíso y Mantial de Villa maría del Triunfo, 2013)

Captación de agua

Para una mayor concentración del líquido, la instalación debe hacerse en la zona diagnosticada como de mayor concentración de neblina y de este modo se procede a su colocación y análisis de la cantidad de agua; hay que contar con una auditoría ambiental en los temas no solo de cantidad sino de calidad del agua, sobre todo cuando es para el consumo humano. Se debe crear conciencia en la localidad de la necesidad de generar sus propios medios de abastecimiento de agua mediante la instalación de Atrapa nieblas, del mismo modo, con un mantenimiento adecuado a través de grupos de trabajo.

Ahora bien, los resultados se evalúan constantemente, en cuanto a captura y a precipitación, también se debe cuantificar la cantidad de consumo por familia de la zona en la que inicialmente se probará el proyecto.

Ventajas de los Atrapa nieblas:

Los Atrapa-nieblas según lo revisado a través del estudio, se presentan como una alternativa muy viable para la comunidad, dentro de sus ventajas se pueden destacar:

- Son una alternativa viable en la vereda de la Fuente del municipio de los Santos, además de económica y amigable con el medio ambiente.
- Su instalación es rápida, sencilla y se puede involucrar a la población beneficiada para la reducción de costos.
- Son de impacto muy bajo en el medio ambiente,
- Se dejan medir de manera eficiente.
- Atiende las necesidades del preciado líquido en esta comunidad.
- Involucra a la comunidad en todo el proceso.
-

Mantenimiento de los Atrapa-nieblas:

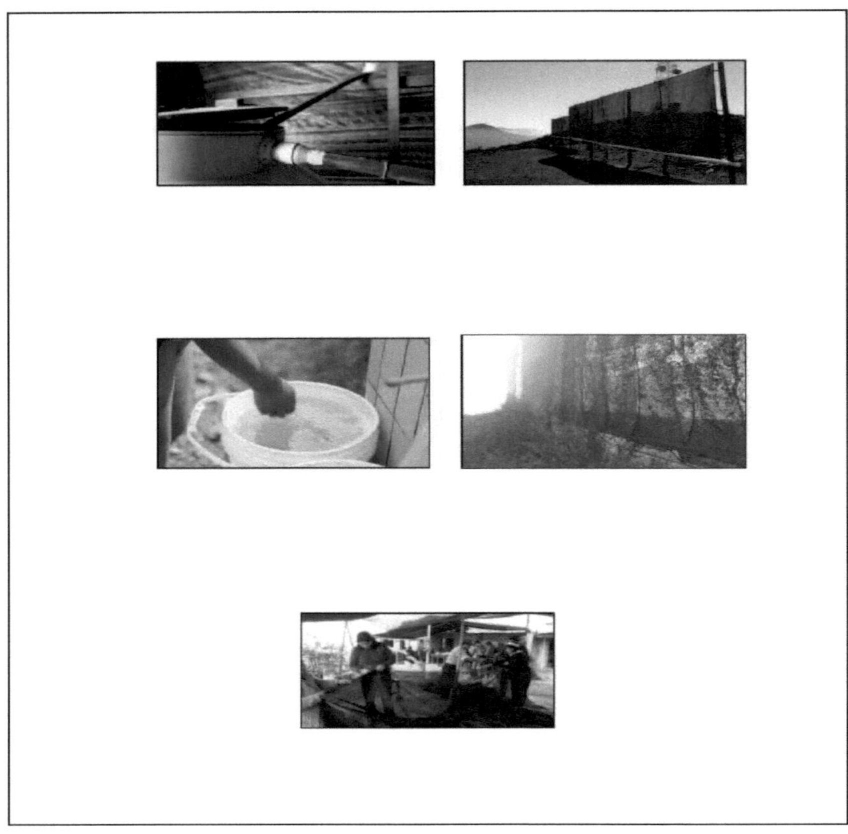

Grafico 10: Mantenimiento de los Atrapa nieblas (Academia.edu, Atrapa nieblas en las localidades de Paraíso y Mantial de Villa maría del Triunfo, 2013)

Como se aprecia en la fotografía, se necesita que la población involucrada entienda la importancia de este medio alternativo para captar agua; por tanto el mantenimiento de las mallas y de la estructura es responsabilidad de los mismos; hay que guardar las mallas en época desfavorable de neblina y recubrir la estructura de material plástico con la finalidad de evitar deterioro (Academia.edu,

Atrapa nieblas en las localidades de Paraíso y Mantial de Villa maría del Triunfo,
2013)

El cuarto gráfico, en la segunda fila a la derecha, muestra la forma como los
Atrapa nieblas también concentran, ramas hojas y basura en general, que debe
limpiarse para mayor duración y eficiencia; también el quinto grafico en la parte
inferior, deja explicito el compromiso de la comunidad en el mantenimiento del
artefacto.

Conclusiones

De acuerdo a los resultados obtenidos según los cálculos ya que la humedad relativa es directamente proporcional al potencial de la cantidad de agua presente por unidad de volumen, se toma como parámetro el potencial de agua en el desierto del neguev, por esta razón en Tenerife España, Perú y el municipio de los santos la producción de agua es similar ya que a mayor humedad relativa es mayor el potencial de agua y esto quiere decir que a mayor humedad se necesita menor cantidad de aire para obtener la misma producción de agua.

A través del estudio se describieron experiencias exitosas de Atrapa nieblas que han sido utilizados de forma eficiente en diversas regiones del mundo, básicamente zonas desérticas y con problemas para obtener agua, Israel, España, Perú y Chile; son algunos países donde ha sido probada la efectividad del experimento; incluso en la región de Atacama, se produce una cerveza con agua obtenida mediante este método, que ha servido para aliviar los problemas para la obtención del líquido en las comunidades beneficiadas.

En el municipio de los santos implementar el sistema de atrapa-nieblas, en comparación a la producción de agua de las experiencias exitosas tomadas como referencia en este estudio, evidencia que en esta región sería un gran potencial por que manejamos un porcentaje alto de humedad del aire, lo que nos demuestra los cálculos que la captación de agua por metro cuadrado es óptima, esto quiere decir que el atrapa-niebla es una alternativa fuerte con buena capacidad para suministrar agua a la comunidad y brindar una mejor calidad de vida.

Recomendaciones y trabajo futuro

Son diversos los métodos de Atrapa-nieblas que se han utilizado alrededor del mundo, Por lo tanto se deja abierta la necesidad de probar los sistemas de atrapa-nieblas que puedan garantizar la mayor eficiencia en la región que se ha analizado para tener una mayor garantía del experimento, para que se logre una mayor cantidad de agua recolectada que redunde en beneficio de toda la población beneficiada.

En caso de implementarse el sistema de Atrapa-nieblas, es indudable que para una mayor sostenibilidad realizarse la respectiva educación ambiental con toda la población involucrada, no solo en el tema de la instalación, también en el mantenimiento y sostenibilidad del proyecto; igualmente reparar en las recomendaciones para utilización del agua.

Bibliografía

Academia.edu, Atrapanieblas en las localidades de Paraíso y Mantial de Villamaria del Triunfo, 2013

ATRAPANIEBLAS, GRAN POTENCIAL PARA ABASTECER AGUA, disponible en www.elespectador.com/noticias/medio-ambiente/atrapanieblas-gran-potencial-abastecer-agua-articulo-514598

ATRAPANIEBLAS PARA ENFRENTAR LA RECOLECCIÓN DEL AGUA, disponible en http://agenciadenoticias.unal.edu.co/detalle/article/atrapanieblas-para-enfrentar-la-recoleccion-del-agua.html

ATRAPANIEBLAS, UN SISTEMA TRADICIONAL, disponible en https://mundoecco.wordpress.com/.../atrapanieblas-un-sistema-tradicional

ATRAPA-NIEBLAS, UNA MARAVILLA DE CHILE PARA EL MUNDO, disponible en http://sindramas.com/phpbb3/viewtopic.php?f=9&t=81909&start=30

CALAMIDAD PÚBLICA EN LEBRIJA POR ESCASEZ DE AGUA, disponible en http://www.elespectador.com/noticias/nacional/declaran-calamidad-publica-lebrija-santander-escasez-de-articulo-596203

CONDENSACIÓN, disponible en http://www.ciclohidrologico.com/condensación

CONOZCA TRES TIPOS DE INVESTIGACIÓN, disponible en http://www.creadess.org/index.php/informate/de-interes/temas-de-interes/17300-conozca-3-tipos-de-investigacion-descriptiva-exploratoria-y-explicativa

DECRETO 1640 DE 2012, POR MEDIO DEL CUAL SE REGLAMENTAN LOS
INSTRUMENTOS PARA LA PLANIFICACIÓN, ORDENACIÓN Y MANEJO DE
LAS CUENCAS HIDROGRÁFICAS Y ACUÍFEROS, Y SE DICTAN OTRAS
DISPOSICIONES, disponible en
https://www.minambiente.gov.co/images/normativa/decretos/2012/dec_1640_2012
.pdf

DECRETO 2811 DE 1974, POR EL CUAL SE DICTA EL CÓDIGO NACIONAL DE
RECURSOS NATURALES RENOVABLES Y DE PROTECCIÓN AL MEDIO
AMBIENTE, disponible en
http://www.oas.org/dsd/fida/laws/legislation/colombia/colombia_codigo.pdf

ECOLÓGICOS, ECONÓMICOS Y/O SOCIALES, ATRAPANIEBLAS: UN
SISTEMA TRADICIONAL DE CAPTACIÓN DE AGUA, disponible en
http://ecococos.blogspot.com.co/2012/05/atrapanieblas-un-sistema-tradicional-
de.html

EN VÉLEZ, EL SERVICIO DE AGUA SE PRESTA CADA 6 DÍAS, disponible en
http://www.vanguardia.com/santander/velez/191023-en-velez-el-servicio-de-agua-
solo-se-presta-cada-seis-dias

FUENTES DE AGUA NO CONVENCIONALES (FANC), disponible en
slideplayer.es/slide/4307533

Godínez Hinojosa Lesly, recolección de Agua por Rocío y Niebla, Universidad
Autónoma de México, 2013

INVESTIGACIÓN DIAGNOSTICA, disponible en es.slideshare.net/.../investigación-
diagnostica-por-evelyn-simbaa

LEY1333 DEL 21 DE JULIO DE 2009, ESTABLECE EL PROCEDIMIENTO SANCIONATORIO AMBIENTAL Y LA TITULARIDAD DE LA POTESTAD SANCIONATORIA EN MATERIA AMBIENTAL PARA IMPONER Y EJECUTAR LAS MEDIDAS PREVENTIVAS Y SANCIONATORIAS QUE NECESITA EL PAÍS, disponible en https://www.minambiente.gov.co/index.php/component/content/article?id=404:plant illa-bosques-biodiversidad-y-servicios-ecosistematicos-9

LEY 373 DE 1997: POR LA CUAL SE ESTABLECE EL PROGRAMA PARA EL USO EFICIENTE Y AHORRO DEL AGUA, disponible en http://www.alcaldiabogota.gov.co/sisjur/normas/norma1.jsp?i=342

LOS ATRAPANIEBLAS, RIPARIUM PERÚ, disponible en ripariumperu.blogspot.com/2015/06/los-atrapanieblas.html

MÉTODO DEDUCTIVO E INDUCTIVO, disponible en slideshare.net/.../metodos-deductivo-y-inductivo-7318991

MIL ATRAPANIEBLAS PARA DAR AGUA EN EL DESIERTO, disponible en http://www.efe.com/efe/america/cronicas/mil-atrapanieblas-para-dar-agua-en-el-desierto/50000490-2540215

PROBLEMA: MILLONES DE PERSONAS NO TIENEN ACCESO A AGUA, disponible en docplayer.es/837539-problema-millones-de-personas-no-tienen-acceso-a.agua Que es el vapor de agua, disponible en http://www.tlv.com/global/la/steam-theory/what-is-steam.html

SAMPIERI, METODOLOGÍA DE LA INVESTIGACIÓN, disponible en http://www.academia.edu/6399195/metodologia_de_la_investigacion_5ta_edicions ampieri

UN "ATRAPA-NIEBLAS" AYUDARÍA A MITIGAR LA SEQUÍA EN PERÚ, disponible en www.eldiario.com.ar/extras/nota

HUMEDAD DEL AIRE EN EL DESIERTO DE NEGUEV, disponible en http://neofronteras.com/?p=2666.

CALIDAD DEL AIRE EN EL DESIERTO DE NEGUEV, disponible en http://www.mfa.gov.il/mfa/mfaes/facts%20about%20israel/pages/el%20programa%20de%20administracin%20de%20recursos%20de%20aire.aspx.

HUMEDAD DEL AIRE EN TENERIFE ESPAÑA, disponible en http://www.worldmeteo.info/es/europa/espana/santa-cruz-de-tenerife/tiempo-100202/.

CALIDAD DEL AIRE EN TENERIFE ESPAÑA, disponible en http://www.magrama.gob.es/es/calidad-y-evaluacion-ambiental/temas/atmosfera-y-calidad-del-aire/PLAN_AIRE_2013-2016_tcm7-271018.pdf

HUMEDAD DEL AIRE EN PERÚ, disponible en http://www.senamhi.gob.pe/?p=0100

CALIDAD DEL AIRE EN PERÚ, disponible en http://www.minam.gob.pe/calidadambiental/wp-content/uploads/sites/22/2014/07/ilovepdf_merged.pdf

HUMEDAD DEL AIRE EN CHILE, DISPONIBLE en http://ambiente.usach.cl/meteo/

CENGEL, YUNUS. BOLES, MICHAEL. Termodinámica. Séptima Edición. McGraw Hill. Cap 14.

I want morebooks!

Buy your books fast and straightforward online - at one of world's fastest growing online book stores! Environmentally sound due to Print-on-Demand technologies.

Buy your books online at
www.morebooks.shop

¡Compre sus libros rápido y directo en internet, en una de las librerías en línea con mayor crecimiento en el mundo! Producción que protege el medio ambiente a través de las tecnologías de impresión bajo demanda.

Compre sus libros online en
www.morebooks.shop

KS OmniScriptum Publishing
Brivibas gatve 197
LV-1039 Riga, Latvia
Telefax: +371 686 204 55

info@omniscriptum.com
www.omniscriptum.com

Printed by Books on Demand GmbH, Norderstedt / Germany